BEI GRIN MACHT SICH IHR WISSEN BEZAHLT

- Wir veröffentlichen Ihre Hausarbeit, Bachelor- und Masterarbeit

- Ihr eigenes eBook und Buch - weltweit in allen wichtigen Shops

- Verdienen Sie an jedem Verkauf

Jetzt bei www.GRIN.com hochladen und kostenlos publizieren

Installation und Konfiguration eines "Smart Home"

Michael Stern

Bibliografische Information der Deutschen Nationalbibliothek:

Die Deutsche Nationalbibliothek verzeichnet diese Publikation in der Deutschen Nationalbibliografie; detaillierte bibliografische Daten sind im Internet über http://dnb.d-nb.de abrufbar.

ISBN: 9783346683908
Dieses Buch ist auch als E-Book erhältlich.

Hausarbeit

über das Thema

Installation und Konfiguration eines "Smart Home" auf Basis eines lokalen Funknetzes (WLAN) im Kontext einer Heizungssteuerung

Inhaltsverzeichnis

Darstellungsverzeichnis

Abkürzungsverzeichnis

AES	Advanced Encryption Standard
App	Applikation (Programm für ein Smartphone)
DHCP	Dynamic Host Configuration Protocol
GHz	Gigahertz
HTTPS	HyperText Transfer Protocol Secure
IEEE	Institute of Electrical and Electronics Engineers
ISM-Band	Industrial, Scientific, and Medical – Band
m²	Quadratmeter
MHz	Megahertz
RJ45	Registered Jack (45 als Codierung der Belegung – 8 Kontakte)
SSL	Secure Socket Layer
VDI	Verein Deutscher Ingenieure
VPN	Virtual Private Network
WLAN	Wireless Local Area Network

1   Einleitung

In der heutigen Zeit steht der Komfort des Zuhauses wesentlich im Vordergrund. Es geht nicht nur darum ein schönes Heim zu haben, sondern dieses effektiv (Energiesparen) und vor allem so komfortabel wie möglich nutzen zu können. In dieser Hausarbeit wird ein Teilaspekt von Smart Home, die Heizungssteuerung, aufgegriffen. Anhand dieses Aspektes soll ein Beispiel anschaulich dargestellt werden und aufzeigen, was in einen Smart Home möglich ist. Auch wenn der Komfort im Mittelpunkt steht, sollen die durch ein intelligentes Zuhause eingesparten Kosten nicht unerwähnt bleiben. Es ist naheliegend, dass eine ständig überwachte und an der Umgebungstemperatur angepasste Heizungssteuerung weniger variable Kosten verursacht als (k)eine Heizungssteuerung, die permanent auf einer eingestellten, bestimmten Stufe heizt.

Folgendes Szenar wird angenommen für ein anschauliches Beispiel: Eine kleine Familie, Vater, Mutter und jugendlicher Sohn, wohnen seit längerem in einer Eigentumswohnung. Der technisch versierte Vater beschließt die große Wohnung sukzessive in ein intelligentes Zuhause umzurüsten. Er beginnt im Herbst mit der Umrüstung der Heizungen, um über den Winter Heizkosten sparen zu können. Zum Heizen wird das Gebäude mit Erdgas beliefert.

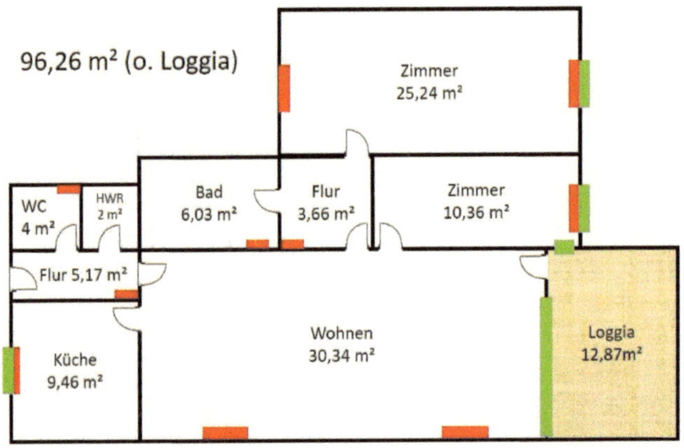

Abbildung 1: Grundriss Eigentumswohnung

Abbildung 1 verdeutlicht den Grundriss der Eigentumswohnung. Die Heizungskörper werden durch die roten Rechtecke symbolisiert (zehn Stück) und die Fenster durch die grünen Rechtecke (fünf Stück).

2   Begrifflichkeiten

Es folgt eine Definition der elementaren Begriffe:

- Ein Smart Home ist ein intelligentes gesteuertes Zuhause, welches durch eine Vernetzung von verschiedener Peripherie mit dem Internet, zumindest jedoch mit einem Netzwerk, gekennzeichnet ist. Die einzelnen technischen Bauteile kommunizieren miteinander und tauschen so relevante Daten untereinander aus. Das Gabler Wirtschaftslexikon definiert den Begriff folgendermaßen:

  > „Der Begriff "Smart Home" zielt auf das informations- und sensortechnisch aufgerüstete, in sich selbst und nach außen hin vernetzte Zuhause. Verwandte Begriffe sind "Smart Living" und "Intelligent Home".“ (Winter 2017)

- WLAN wurde durch die IEEE (IEEE 1997) zertifiziert und herausgegeben. Es ist der Übertragungsstandart zwischen Netzwerken auf Funkbasis im Bereich verschiedenster Rechner (Smartphone, Notebooks, Router, etc.). Der Vollständigkeit halber soll erwähnt werden, dass es unterschiedliche Ausführungen des Standards gibt, welche sich im Bereich der Frequenzen (2,4 GHz / 5 GHz), der Anzahl der möglichen Kanäle und dementsprechend verschiedene Vor- und Nachteile unterscheiden. Dieses Thema soll jedoch auf Grund der Komplexität nicht weiter vertieft werden. Bitkom erläutert den Begriff WLAN so:

  > „Die „Wireless Local Area Network“-Technologie bezeichnet einen räumlich begrenzten drahtlosen Geräteverbund bestehend aus z.B. PCs, Spielekonsolen, Mobiltelefonen und Festplattenspeicher, die im Idealfall über eine Entfernung von bis zu hundert Meter hinweg miteinander kommunizieren können.“ (BITKOM 2009)

- Als Heizungssteuerung, im Sinne dieser Arbeit, sind sämtliche möglichen Module gemeint, die in der Lage sind über Funktechnologie zu kommunizieren und die Heizung auf bestimmte Werte, durch auswerten vorliegender Daten oder manuelles setzen von Werten, einzustellen. Diese unterschiedlichen Module werden im nächsten Kapitel differenziert vorgestellt.

- Aktoren und Sensoren sind Begriffe, die jedem einzelnen Stück Hardware im Kontext des Smart Homes zugewiesen werden können. Sensoren sind Elemente, die einen bestimmten physikalischen Wert in einen elektrischen Wert umwandeln können. Sie erfassen quantitativ (bspw. Temperatur) oder qualitativ (bspw. Rauchmelder). Eine Mischung aus Beidem ist ebenfalls möglich.

„Der Sensor erfasst die physikalischen Größen und wandelt sie mit induktiven, kapazitiven, […] Wandlern in eine elektrische Spannung, die vom Sensor in eine feste Relation zur Eingangsgröße gesetzt wird. Ein Sensor skaliert also die Signale, damit sie für die weitere Verarbeitung interpretierbar werden." (IT Wissen 2017)

Aktoren setzen elektrische Signale in motorische Bewegung um. Konkret bedeutet dies, dass eine digitale Einstellung (bspw. Licht an) elektrisch an den Aktor gesendet wird und dieser die mechanische Bewegung, den Schalter umlegen, ausführt.

„Bei Aktoren […] handelt es sich um Antriebselemente, die elektrische Signale und Strom in mechanische Bewegung transformieren. […] Elektrische Impulse werden durch einen Aktor in Druck, Schall, Temperatur, Bewegung oder andere mechanische Größen umgewandelt." (Schiller 2016)

# 3	Benötigte Peripherie (Hardware)

Die Installation und Realisierung einer Heizungssteuerung benötigt diverse Peripherie. In diesem Kapitel soll auf die einzelnen Sensoren und Aktoren genau eingegangen werden (vgl. Aschendorf 2014, S. 573 ff.). Der Elektronikkonzern Conrad Electronic SE bietet auf seiner Internetseite viele Anbieter und ein großes Portal in Bezug auf Smart Home an (Conrad Electronic 2017b). Aus diesem Grund werden hier die elementaren Komponenten von verschiedenen Herstellern mit denselben Funktionalitäten betrachtet, um einen guten Überblick der benötigten Hardware zu erhalten.

3.1 Schaltungszentrale (Systemkomponente)

Die Schaltungszentrale ist das zentrale Element für das Vorhaben ein Smart Home aufzubauen. Sie ist die Verbindung aller angeschlossenen Aktoren und Sensoren und somit die Schnittstelle, um mit den einzelnen Geräten zu kommunizieren. Darüber hinaus ermöglicht die Zentrale die Konnektivität zum Internet. Dies ist notwendig, sofern auf das Smart Home auch von „außen" (weltweit) zugegriffen werden soll. Der weitaus wichtigere Faktor jedoch ist, dass die Zentrale und die Geräte nicht direkt über WLAN kommunizieren, sondern über eine eigene Frequenz (Conrad Electronic 2017c). Die genutzte Frequenz liegt im 868 MHz-Bereich (DATACOM Buchverlag GmbH 2015). Dieser Frequenzbereich kommt aus dem ISM-Band und kann lizensfrei genutzt werden. Die Vorteile dieses extra Frequenzbereiches liegen darin begründet, dass nicht das WLAN Netz im 2,4 GHz Bereich zusätzlich belastet wird und dass die Peripherie selbst weniger Strom benötigt. Heizungsthermostate die über WLAN funken und die benötigte Energie aus Batterien beziehen würden, würden einen hohen Verschleiß an Batterien haben. Es gibt Anbieter dessen Hardware über den Bluetooth Standard sendet, welcher ebenfalls wenig Strom verbraucht, aber sich im 2,4 GHz Bereich befindet (Conrad Electronic 2017a). Auf die Überlastung des 2,4 GHz Netzes wird später bei der technischen Realisierung weiter eingegangen.

3.2 Heizköperthermostat (Sensor und Aktor)

Die Thermostate sind universell einsetzbar. Ziel aller Hersteller ist es, nicht die Heizungsanlage selbst umzustellen, sondern die Installation so einfach wie möglich realisierbar zu machen. Die erwerbbaren Thermostate haben ein eigenes Gewinde und werden mit verschieden großen Adaptern geliefert, damit diese auf alle handelsüblichen Heizkörper passen. Diese Art der Heizkörperthermostate gab es vor dem Smart Home „Hype" ebenfalls. Auf ihnen ist ein kleines Display und ein paar Funktionstasten angebracht, um bestimmte Programme (Heizungsintervalle und -perioden) einzustellen. Durch die erweitere Funktionalität des Smart Home ist es darüber hinaus möglich, diese Einstellungen per Computer oder Smartphone durchzuführen. Erweitert wurde die Kompetenz, Signale per Funk zu erhalten und zu senden. Das Heizkörperthermostat ist ein Hybrid aus Aktor und Sensor. Es muss die aktuelle Temperatur ständig messen (Sensor) und auf Grundlage dieser, zusammen mit den programmierten Einstellungen, aktiv in den Regelungsprozess eingreifen (Aktor).

3.3 Fenster- und Türkontakt (Sensor)

Dieser Sensor dient dazu, der Zentrale mitzuteilen welche Tür oder welches Fenster geöffnet ist. Die Zentrale kann dies den erforderlichen Thermostaten weiterleiten und die Heizleistung minimieren. Sofern das zu überwachende Objekt (Fenster / Tür) geschlossen ist, ist ein magnetischer Kontakt geschlossen. Wird dieser geöffnet, sendet der Kontakt, nach einer voreingestellten Zeit, dass das Objekt geöffnet ist. Ein zusätzlicher Nutzen ist dadurch gegeben, dass dieser Sensor ebenfalls als „Einbruchssignal" dient. Sollte die Familie nicht zu Hause sein und eine Mitteilung auf das Smartphone erhalten, dass ein Fenster geöffnet wurde, können weitere Schritte (wie z.B. die Polizei kontaktieren) eingeleitet werden. Die Heizkörperthermostate realisieren ebenfalls, ob ein Fenster geöffnet ist und regeln die Temperatur dementsprechend herunter. Diese nehmen jedoch nur einen aktuellen Temperatursturz wahr. Dies bedeutet, wenn ein Fenster länger als zehn Minuten geöffnet ist, nimmt das Thermostat kaum noch einen Temperatursturz wahr und heizt gemäß den

Einstellungen wieder. Im Gegensatz zu den Fenstersensoren ist somit nicht eindeutig, ob ein Fenster geöffnet oder geschlossen ist.

3.4 Raumthermostat (Sensor)

Das Raumthermostat ist dafür geeignet die Temperatur im Raum manuell zu regulieren. Es wird üblicherweise in der Nähe der Tür befestigt, um die Temperatur direkt beim Eintreten regulieren zu können. Dank der Funktechnik ist dies jedoch nicht mehr zwangsläufig nötig. Das Thermostat kann ebenfalls auf dem Wohnzimmertisch platziert werden und von der Couch aus genutzt werden. Ob solch ein Thermostat in Anbetracht der Tatsache eines Smartphones sinnvoll ist, muss der Nutzer genau abwägen. Sollten die Bewohner des Smart Home in der Zeit des Internets großgeworden sein und können mit Smartphones umgehen, ist dies sicherlich ein Bauteil, welches eingespart werden kann. Wohnen im Haushalt mehrere Generationen (Mehrgenerationenhaus), ist die Anschaffung solcher Geräte gerade für die lebenserfahrenen Bewohner mehr als nützlich und erforderlich.

3.5 Smartphone (Aktor)

Das Smartphone ist in einen Smart Home der Dreh- und Angelpunkt. Gerade durch die gegebenen Möglichkeiten, alles unabhängig vom aktuellen Standort kontrollieren, einzustellen oder beobachten zu können, hat ein intelligentes Zuhause wirklich „smart" gemacht. Alle großen Energiekonzerne (z.B. RWE, EWE, E.ON), lokale Energiekonzerne (z.B. SWB) und viele eigene Hersteller steigen in diesem schier ständig wachsenden Markt ein und bieten verschiedene Lösungsansätze für ein Smart Home. Die Bereitstellung der Apps zum Inbetriebnehmen, Einstellen und die kontinuierlichen Benachrichtigungen für Smartphones sind hier die wesentlichen Faktoren. Das Publizieren von Applikationen für Android und iOS ist dabei der Schlüssel zum Erfolg. Die Marktanteile von diesen beiden Betriebssystemen liegen zusammen bei 97% im April 2017 (Statista 2017).

3.6 Voice-Steuerung (Aktor)

Eine Heizung allein mit der Stimme zu steuern ist praktisch, wenn das Smartphone oder der Raumthermostat sich nicht in greifbarer Nähe befindet bzw. die Hände durch andere Tätigkeiten gebunden sind. Der Vorreiter dieser Möglichkeit ist mit Alexa das amerikanische Unternehmen Amazon Inc. (Amazon 2017). Durch sogenannte Skills ist es möglich, dass

Hersteller von Produkten für Smart Home Apps für Alexa entwickeln und somit viele verschiedene Möglichkeiten zum Steuern vorhanden sind.

4   Technische Realisierung

In dieser Hausarbeit steht die technische Realisierung im Vordergrund, weshalb auf einen direkten Vergleich verschiedener WLAN Umsetzungen verzichtet wird. Die funktionellen Unterstützungen sämtlicher Lösungen sind weitestgehend gleich. So ist eine Kaufentscheidung fast nur durch die Installationskosten differenzierbar. Damit jedoch von einem reellen Beispiel ausgegangen werden kann, wird hier eine Lösung präsentiert, die gute Erfahrungswerte (Kundenrezensionen) hat, deren Kosten bei der Installation moderat sind, die einfach zu realisieren ist und die eine gute Kompatibilität zu anderen Geräten aufweist (Betriebssysteme, andere Hersteller).

4.1 Überlastung des 2,4 GHz Netzes

Im Kapitel 3.1 wurde darauf eingegangen, dass ein Problem im 2,4 GHz Netz besteht. Die permanente Überlastung liegt darin begründet, dass alle WLAN Geräte standardmäßig auf diesem Netz senden und empfangen, um eine größere Kompatibilität zu älteren Geräten zu gewährleisten. Der „normale" Nutzer ändert die Frequenz in den seltensten Fällen, gerade auf Grund der Kompatibilität, nicht in das 5 GHz Netz. Es besteht aus maximal 13 Kanälen, wovon nur drei Überlappungsfrei benutzt werden können. Kanal eins, sechs und elf. Die Kanalbandbreite beträgt 20 MHz, jedoch liegen alle Kanäle jeweils 5 MHz auseinander. Der Buchstabe hinter dem Standard 802.11(b/g/n) gibt die Möglichkeit der maximalen Datenübertragungsrate an. Dies hat auf die Überlastung selbst keinen Einfluss. Zenner 2017 zeigt die überlappungsfreien Kanäle an.

In einer stark bewohnten Umgebung, oder in einem Haushalt, wo viele WLAN Geräte genutzt werden, kollidieren die Pakete regelmäßig, was zu längeren Laufzeiten (Latenz) oder schlechtere Performance und des Öfteren auch zu Verbindungsabbrüchen der einzelnen Geräte führt. Das Netz ist gut ausgelastet, sobald mehr als drei Geräte auf der 2,4 GHz Frequenz senden, weil es automatisch zu Überschneidungen beim Senden und Empfangen kommt. Aus diesem Grund ist eine Etablierung eines Smart Home Systems auf Bluetooth Basis, welches ebenfalls auf der 2,4 GHz Frequenz sendet, sehr nachteilig (PC Welt 2017). Die Größe der übermittelten Pakete auf derselben Frequenz ist vermutlich nicht hoch, jedoch stören sie den regulären Betrieb der anderen WLAN Geräte. Außerdem ist nirgends einsehbar, wie oft die Geräte miteinander kommunizieren. Das bedeutet, dass viele kleine Pakete in bestimmten Zeitintervallen gesendet werden könnten. Ein Ausweichen auf die Frequenz 868 MHz ist gerade in dicht besiedelten Wohngebieten vorteilhafter. Aus dem genannten Grund werden Lösungen auf Bluetooth Basis nicht weiter betrachtet.

4.2 Inbetriebnahme

In der Einleitung wurde das Szenario und der Grundriss der Wohnung explizit dargestellt: Es handelt sich um eine 96,26 m² große Eigentumswohnung, in der drei Personen leben. Es gibt insgesamt zehn Heizkörper und fünf Fenster.

Wir betrachten das Angebot eines Herstellers, welches über den 868 MHz Standard sendet und dessen Preis für die Leistung im Durchschnitt der anderen Hersteller liegt (Conrad Electronic 2017b). Abbildung 2 (Quellen: Apple, AVM, Amazon, innogy SE) zeigt den Verbindungsplan für die geplante Realisierung.

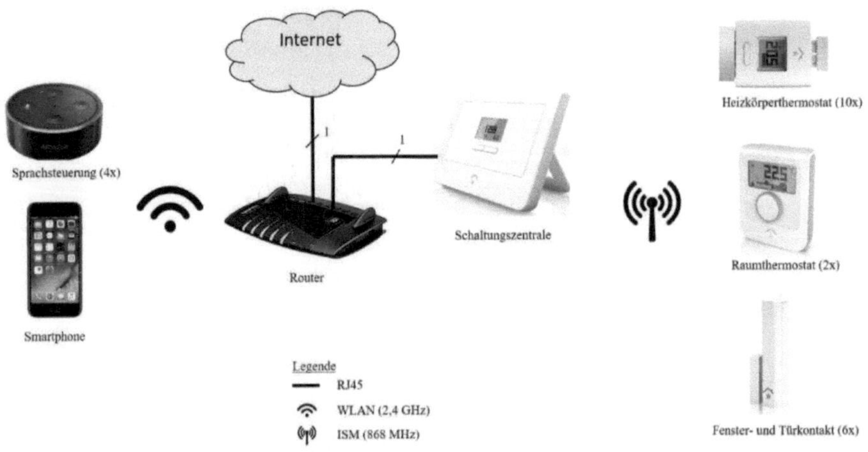

Abbildung 2: Verbindungsplan (eigene Darstellung)

4.2.1 Installation und Konfiguration der Zentrale

Zuerst muss die Zentrale an einen Router angeschlossen werden. Ohne einen Router ist das Benutzen und Einstellen von anderen Geräten, wie einem Smartphone, nicht möglich. Das Smartphone kann nicht auf der 868 MHz Frequenz senden und übermittelt die Befehle über das

2,4 GHz Netz zum Router. Dieser leitet die Daten an die Zentrale weiter und erst diese übermittelt die gewünschten Einstellungen an die vorgesehenen Geräte. Ob der Router einen Zugang zum Internet hat, ist für die Ersteinrichtung relevant. Mit dem Zugang muss das Gerät das erste Mal beim Anbieter registriert werden. Abgesehen davon möchten manche Kunden vielleicht keinen direkten Zugang zum Internet mit allen Geräten. Dies wird im Kapitel Sicherheit genauer erörtert. Die Zentrale benötigt einen normalen Stromanschluss (230 Volt) und wird mit einem Ethernet Kabel (RJ45) verbunden. Die Grundeinstellungen werden entweder per Browser oder per App eingerichtet und gesteuert. Der Telefonanschluss und der Router befinden sich im mittleren Flur (vgl. Abbildung 1) und sind mittig innerhalb der Eigentumswohnung. Dort wird ebenfalls die Zentrale physisch angebracht. Die Reichweite der 868 MHz Frequenz erstreckt sich auf 100m – 300m. Die Standardeinstellung aller Router ist, dass ein DHCP Server aktiv ist. Dieser verteilt die richtigen Netzwerkeinstellungen, damit die Konnektivität zwischen Zentrale und Router automatisch gegeben ist.

4.2.2 Installation und Konfiguration der Aktoren und Sensoren

Gemäß Abbildung 1 werden zehn Heizkörperthermostate und sechs Fenster- und Türkontakte benötigt. Die alten Heizkörperknäufe werden durch die Thermostate ersetzt, indem diese per Hand abgeschraubt und die neuen angebracht werden. Die benötigte elektrische Energie wird mit drei Batterien des Typs AA geliefert. Es werden ebenfalls die fünf Fensterkontakte angebracht und ein zusätzlicher an der Tür, die zur Loggia führt. Um alle Kontakte an den Rahmen anzubringen, werden stark haltende „Klebestreifen" vom Unternehmen tesa verwendet, sogenannte PowerStrips (tesa 2017). Der Vorteil durch diese Art der Installation ist, dass nicht in die Fensterrahmen gebohrt werden muss. Die Energie für die Kontakte wird aus zwei Batterien des Typs AAA geliefert. In beiden Bädern werden zwei Raumthermostate angebracht, die ebenfalls über zwei AA Batterien betrieben werden. In den Bädern ist ein feuchteres Raumklima (Badewanne, Dusche), weswegen die Nutzung eines Smartphones und einer Sprachsteuerung nicht geeignet erscheint. Über die zugehörige Smartphone App werden alle Heizkörperthermostate, die Raumthermostate und die Tür- und Fensterkontakte mit der Steuerzentrale verbunden und konfiguriert. Damit dies geschehen kann, muss sich das Smartphone im WLAN befinden.

Die Temperatureinstellungen (Heizperioden) der einzelnen Räume ist Tabelle 1 zu entnehmen. Alle Thermostate sind auf einer Standardtemperatur von 15° Celsius eingestellt. Dies bedeutet, es ist in allen Räumen mindestens so warm wie die Vorgabe der Standardtemperatur. Zum Abend hin werden die Räume auf eine höhere Temperatur beheizt.

Tabelle 1: Temperatureinstellungen

Raum	Uhrzeit von		Uhrzeit bis		Temperatur
kl. Schlafzimmer	16:00		22:00		23° Celsius
gr. Schlafzimmer	22:00		00:00		23° Celsius
Flure	---		---		15° Celsius
Wohnzimmer	18:00		21:00		23° Celsius
Bäder	16:00	05:30	22:00	07:00	20° Celsius
Küche	18:00		20:00		20° Celsius

Der Sohn ist früher zu Hause und arbeitet in seinem Zimmer die Hausaufgaben nach, weswegen sein Raum bereits ab 16:00 Uhr beheizt wird. Aus demselben Grund werden auch die Bäder bereits früher beheizt. Bei den Bädern gibt es eine Ausnahme, so dass diese zwei Heizperioden eingestellt haben. Morgens sollen die Bäder warm sein. Das elterliche Schlafzimmer wird später hochgeheizt, da die Eltern gegen 22:00 Uhr zu Bett gehen. Beide Flure werden nicht mit einer Zeitschaltung geheizt, da sich dort nicht lange aufgehalten wird. Eine Standardtemperatur von 15° Celsius ist somit ausreichend. Die Küche und das Wohnzimmer werden um 18:00 Uhr beheizt. Zu dieser Zeit ist der Sohn mit den Hausaufgaben fertig und die Eltern kommen von der Arbeit. Dann wird sich im Wohnzimmer aufgehalten bzw. zusammen gekocht und in der Küche gegessen. Zur Schlafenszeit wird auf die Standardtemperatur geheizt, um besser schlafen zu können.

Die Fenster- und Türsensoren werden so konfiguriert, dass die Heizung im jeweiligen Raum - nach 30 Sekunden merklichen Temperaturabfall - aufhört zu heizen. Daraus resultiert, dass die Heizung komplett ausgeschaltet wird (off). Die Sensoren sind mit den jeweiligen Thermostaten in bestimmten Gruppen zusammengefasst, damit den Fenstern bestimmte Heizungen zugeordnet werden können. Es ist jederzeit möglich von den gespeicherten Zeiten abzuweichen und die Heizung manuell durch Nutzung der beschriebenen Aktoren zu ändern. Eine Möglichkeit wäre, wenn ein Familienmitglied vor der einprogrammierten Zeit nach Hause kommt. So können die gewünschten Räume mit dem Smartphone von unterwegs vorgeheizt werden. In den Räumen die keine hohe Luftfeuchtigkeit besitzen (Küche, Wohnzimmer, beide Schlafzimmer), wird der Echo Dot von Amazon eingebunden. Die Wahl ging zu Gunsten dieser

Sprachsteuerung, da diese am weitesten entwickelt ist und das Preis- / Leistungsverhältnis am besten ist. Darüber hinaus hat innogy SE bereits einen „Skill" für den Echo Dot entwickelt (innogy SE 2017a). Der Echo Dot wird ins WLAN eingebunden und benötigt einen 230 Volt Stromanschluss. Durch den zu installierenden „Skill" von innogy SE kann mit Sprachbefehlen, wie „Alexa, stelle das Raumklima Wohnzimmer auf 23° Celsius", die Temperatur geändert werden. Dies stellt ein hohes Maß an Komfort dar.

4.3 Realisierungskosten

Die Kosten der beschriebenen Installation des gesamten Kapitels können aus der nachstehenden Tabelle entnommen werden. Die Kosten für Batterien und PowerStrips sind nicht extra aufgeführt. Es geht bei dieser Kostenbetrachtung um die Hardware.

Tabelle 2: Realisierungskosten (innogy SE 2017c; Amazon 2017)

Gerät	Anzahl	Preis pro Stück in Euro	Gesamtpreis in Euro
Steuerzentrale (Paket) (inkl. 5 Thermostate)	1x	249,00	249,00
Heizthermostate	5x	49,95	249,75
Tür- und Fensterkontakt	6x	39,95	239,70
Raumthermostat	2x	69,95	139,90
Echo Dot	4x	59,99	239,96
			<u>1.118,31</u>

Die fixen Kosten zur mobilen Nutzung des Smart Homes werden mit 14,95 Euro pro Jahr nach 24 Monaten beziffert. Die Nutzung der App für die Einstellungen ist nach 24 Monaten aus demselben WLAN uneingeschränkt kostenlos. Das Einrichten eines VPN-Tunnels vom Smartphone nach Hause kann Sinn ergeben, um nach den kostenfreien 24 Monaten die kostenfreie Nutzung von außerhalb weiterhin zu behalten.

4.4 Einsparungen

Die Installationskosten von gerundeten 1.120,00 Euro sind nicht unerheblich. Die Frage des Komforts ist wichtig, bei solch einer Summe ist die Frage der Einsparmöglichkeiten jedoch wichtiger. Laut einer Umfrage der Eprimo GmbH steht Energiesparen mit 55% im Mittelpunkt der Umsetzung eines Smart Home, gefolgt von 25% Sicherheit und 20% Komfort (vgl. EPRIMO GMBH 2014). Die durchschnittlichen Heizkosten inkl. Heiznebenkosten für Gebäude zwischen 501 – 1.000 qm² Gebäudefläche, betrugen im Jahr 2016 11,90 Euro pro qm² (vgl. Heizspiegel 2016). Die Eigentumswohnung ist Bestandteil eines Mehrfamilienhauses, weshalb diese durchschnittlichen Heizkosten zur Berechnung herangezogen werden können. Die durchschnittlichen Heizungskosten bei der Eigentumswohnung ohne Smart Home betragen:

$$96,26 \; qm^2 * 11,90 \; Euro/qm^2 = 1.145,49 \; Euro$$

Laut einer Berechnung des Fraunhofer Instituts für Bauphysik lassen sich 40% der Heizkosten durch ein Smart Home System einsparen (Otter 2014):

$$\frac{1.145,49 \; Euro}{100} * 40 = 458,20 \; Euro$$

Erfahrungsgemäß wird der Maximalwert der Einsparungen in den seltensten Fällen erreicht. Deshalb werden großzügig 10% abgezogen, so dass von 30% Einsparungen ausgegangen werden kann:

$$\frac{1.145,49 \; Euro}{100} * 30 = 343,65 \; Euro$$

Bei einer Einsparung von durchschnittlich 30%, würde sich die Investition nach 3,25 Jahren amortisiert haben.

5 Sicherheit

Im vorherigen Kapitel wurde bereits erwähnt, dass der Aspekt der Sicherheit mit 25% am zweitwichtigsten für die Befragten ist. Gerade im Bereich von WLAN ist Sicherheit immer ein wichtiger Punkt. Manche Menschen finden es seltsam, wenn „durch das Internet" von außen auf das Haus zugegriffen werden kann. Die Wohnung / das Haus als unantastbarer Rückzugsort soll auf keinen Fall durch jemand fremdes gesteuert werden können.

Viele Hersteller verschlüsseln ihre Geräte nur unzureichend und manche gar nicht (vgl. Kaden 2015). Andere Hersteller geben eine Verschlüsselung an aber nicht wie stark diese ist, geschweige denn welche Verschlüsselung es überhaupt ist. Vor Einbindung von Hardware, die über den Bluetooth Standard kommuniziert, wurde bereits in den vorherigen Kapiteln, bezüglich der Überlastung des 2,4 GHz Netzes (vgl. Kapitel 4.1), abgeraten. Hinzu kommt die schwache Verschlüsselung von Bluetooth, die mit den richtigen Tools innerhalb von Sekunden geknackt werden kann. Außerhalb der Wohnung wird die Verschlüsselung über dem Smartphone standardmäßig mit HTTPS und SSL, dem aktuellen Stand der Technik, durchgeführt.

Die Sicherheit innerhalb der Wohnung / des Hauses muss durch den Bewohner, der Bewohnerin sichergestellt werden. Die größte Schwachstelle ist der Router selbst. Das Tor von der Außenwelt in die Wohnung, zu allen wichtigen und relevanten Dateien. Ein Router, der nicht den aktuellen Stand der Technik bereitstellen kann, sollte ausgetauscht werden. Die Verschlüsselung über WLAN mit 256 Bit AES sollte immer die bevorzugte Verschlüsselung sein. Das eingesetzte Passwort zur Authentifizierung sollte mindestens 15 Zeichen lang sein und aus kleinen wie großen Buchstaben, Sonderzeichen und Zahlen bestehen. Kann der Router auf den 5 GHz Standard kommunizieren, sollte auf diesen ausgewichen werden um eine bessere Konnektivität sicherzustellen. Darüber hinaus sollte der Port des Routers, auf dem die Steuerzentrale angeschlossen ist, mit einer Regel belegt werden. Diese Port-Security sollte folgende Einstellung beinhalten: Auf alle Verbindungen, die von außerhalb des Ports aufgebaut wurden darf geantwortet werden (Smartphone → Router → Zentrale → Aktor/Sensor). Verbindungen, dessen Startsignal von der Steuerzentrale oder eines Aktors / Sensors nach außen kommunizieren wollen, werden verworfen. Diese „einfache" Einstellung garantiert, dass die Verbindung vom Smartphone oder der Website aufgebaut wurde und es sich um eine valide Rückantwort handelt. Die Aktoren und Sensoren selbst müssen nicht außerhalb des Ports agieren, da die Steuerzentrale ebenfalls hinter dem Port angeschlossen ist.

Wie oben bereits erwähnt, werden auf der 868 MHz Frequenz die Signale verschlüsselt übertragen. Ob diese Verschlüsselung „gut" ist oder zumindest ausreichend, kann hier nicht abschließend beurteilt werden. Auf dem ersten Blick scheint es nicht weiter wichtig zu sein, dass ein Fremder, eine Fremde die Daten einer Temperaturregelung eventuell abfangen könnte. Diese Daten sind weder kritisch, noch sicherheitsrelevant, noch besitzen diese Daten persönliche Informationen. Nichts desto weniger ist es ein Zeitplan, der zumindest angibt oder aus den Rückschlüssen gezogen werden können, wann ein Familienmitglied zu Hause ist oder nicht. Diese Informationen können für Einbrecher, Einbrecherinnen viel wert sein. Sollte diese Verschlüsselung geknackt werden, ist ein Übergang von der Steuerzentrale zu Smartphones oder Rechner durch die o.g. Port-Security nicht möglich. Das bedeutet, der Hacker, die Hackerin kann keine sicherheitsrelevanten Daten erbeuten oder auf dem Router selbst zugreifen.

6 Resümee & Handlungsempfehlungen

Die Hausarbeit beschäftigte sich mit der Einrichtung eines Smart Home auf Basis eines lokalen Funknetzes im Kontext einer Heizungssteuerung. Die Möglichkeit eine Wohnung oder ein Haus technisch so einfach wie möglich zu verbessern, ist sehr interessant. Es gibt durch die Vielzahl unterschiedlichster Module und Einstellungsmöglichkeiten immer wieder etwas auszuprobieren oder zu verbessern. Welcher Faktor für die Entscheidung eines Smart Home ausschlaggebend ist, ist für den jeweiligen Nutzer, der Nutzerin stets subjektiv. Für den Einen, der Einen ist die Sicherheit ausschlaggebend, die/der Andere mag einfach Komfort oder möchte Strom bzw. Heizkosten sparen. Der letzte Punkt ist laut Umfrage schon jetzt der Entscheidende und wird auf Grund der stetig steigenden Kosten immer ausschlaggebender. Die Einsparung von mehreren hundert Euro pro Jahr ist zumindest den Gedankengang zur Umrüstung wert. Der Vollständigkeit halber soll hier erwähnt werden, dass es Heizungsthermostate gibt, die ebenfalls programmiert werden können (vgl. Kapitel 3.2). Mit diesen ist es ebenfalls möglich Heizkosten zu sparen. Komfort von überall die Heizung einstellen oder überwachen zu können, existiert damit allerdings nicht.

Die Realisierungskosten im gewählten Beispiel von ca. 1.200,00 Euro sind hoch. Es ist zu beachten, dass diese nicht auf einmal investiert werden müssen. Das gesamte System des Smart Home ist, auch Herstellerübergreifend, modular aufgebaut. Dies bedeutet, dass zuerst nur die Heizungsthermostate mit der Zentrale installiert werden können und später die Fenster- und Türkontakte. Auch die Sprachsteuerung muss nicht zu Anfang installiert werden, sondern kann später erworben werden. Diese „Freiheit" der Kostenverteilung macht das System noch attraktiver und jederzeit erweiterbar. Eine Erweiterung um intelligente Rauchmelder, Licht und Steckdosen ist ebenfalls sinnvoll, um Strom zu sparen und Sicherheit im eigenen Zuhause zu generieren.

Eine Alternative zum Smart Home über WLAN bzw. eines lokalen Funknetzes stellt KNX dar. Bei diesem System wird ein Bussystem etabliert und sämtliche Aktoren / Sensoren einzeln programmiert. Die Verlegung eines Bussystems ist jedoch ein größerer Aufwand und somit ist das System auf den ersten Blick teurer als eines mit Funktechnologie. Diverse Hersteller haben erkannt, dass ältere Besitzer, Besitzerinnen eines KNX Systems unter Umständen die neue Technologie mitnutzen möchten und haben diverse Schnittstellen geschaffen, um beide Technologien in einer Symbiose nutzbar zu machen. Die Vor- und Nachteile von KNX sind nicht Thema dieser Hausarbeit, weswegen hier nicht weiter darauf eingegangen wird. Wie alle anderen Systeme auch gibt es gute und weniger gute Szenarien, in denen ein KNX System eingesetzt werden kann.

Abschließend ist festzuhalten, dass die Weiterentwicklung in diesem Bereich immer schneller zunimmt. Es ist ebenfalls möglich z.B. Wassersensoren oder Feuchtigkeitsindikatoren einzubinden, um einen intelligenten Garten zu realisieren. Ob alle Möglichkeiten immer genutzt werden müssen, sei dahingestellt. Smart Home ist jedoch eine sehr gute Möglichkeit für überschaubare finanzielle Mittel viel Komfort in den eigenen vier Wänden zu erhalten. Technologisch versierte Menschen sind dem Thema nicht abgeneigt, vor allem seitdem fast alle Aktoren die Möglichkeit unterstützen per Sprache gesteuert zu werden. Diesen Markt wollen sich auch Automobilhersteller nicht entgehen lassen und so halten digitale Assistenten wie Alexa (Echo Dot) demnächst Einzug in Kraftfahrzeuge.

Literaturverzeichnis

AMAZON: *Echo Dot.* URL https://www.amazon.de/Amazon-Echo-Dot-Generation-Schwarz/dp/B01DFKBG54/ref=sr_1_2?ie=UTF8&qid=1499865902&sr=8-2&keywords=alexa – Überprüfungsdatum 2017-07-12

ASCHENDORF, Bernd: *Energiemanagement durch Gebäudeautomation : Grundlagen - Technologien - Anwendungen.* Berlin : Springer Vieweg, 2014

BITKOM: *Leitfaden zur Heimvernetzung.* URL https://www.bitkom.org/noindex/Publikationen/2009/Leitfaden/Leitfaden-zur-Heimvernetzung-zum-vierten-nationalen-IT-Gipfel-veroeffentlicht/BITKOM-Heimvernetzungs-Leitfaden-20091209.pdf – Überprüfungsdatum 2017-07-10

CONRAD ELECTRONIC: *Medion Smart Home Starterkit.* URL https://www.conrad.de/de/medion-smart-home-starterkit-p85701-1551440.html – Überprüfungsdatum 2017-07-12

CONRAD ELECTRONIC: *Smart Home.* URL https://www.conrad.de/de/smart-home-c17200.html?WT.ac=cs_smarthome – Überprüfungsdatum 2017-07-10

CONRAD ELECTRONIC: *Telekom Magenta SmartHome Basis inkl. Lizenz.* URL https://www.conrad.de/de/telekom-magenta-smarthome-basis-inkl-lizenz-1384138.html – Überprüfungsdatum 2017-07-12

DATACOM BUCHVERLAG GMBH: *868-MHz-Band.* URL http://www.itwissen.info/868-MHz-Band.html – Überprüfungsdatum 2017-07-12

ELGATO: *eve door & window.* URL https://www.elgato.com/de/eve/eve-door-window – Überprüfungsdatum 2017-07-12

EPRIMO GMBH: *Umfrage zu Smart Home: Für Kunden steht Energiesparen im Mittelpunkt.* URL http://www.presseportal.de/pm/100575/2761030 – Überprüfungsdatum 2017-07-18

HEIZSPIEGEL: *Heizkosten pro Quadratmeter im Vergleich.* URL https://www.heizspiegel.de/richtig-heizen/heizkosten-pro-m2-vergleich/#c86567 – Überprüfungsdatum 2017-07-18

IEEE: *IEEE 802.11 WIRELESS LOCAL AREA NETWORKS.* URL http://www.ieee802.org – Überprüfungsdatum 2017-07-10

INNOGY SE: *Das Zuhause hört auf Ihr Kommando.* URL https://www.innogy.com/web/cms/de/3238114/fuer-zuhause/bequem-und-sicher-leben-mit-smarthome/vorteile-von-innogy-smarthome/innogy-smarthome-amazon/ – Überprüfungsdatum 2017-07-18

INNOGY SE: *SmartHome Heizkörperthermostat.* URL https://www.innogy.com/smartstore/SmarthomeCatalog/Einzelgeraete/SmartHome-Heizkoerperthermostat-zid10267395 – Überprüfungsdatum 2017-07-17

INNOGY SE: *SmartHome Preisübersicht.* URL https://www.innogy.com/smartstore/SmarthomeCatalog – Überprüfungsdatum 2017-07-18

INNOGY SE: *SmartHome Raumthermostat.* URL https://www.innogy.com/smartstore/SmarthomeCatalog/Einzelgeraete/SmartHome-Raumthermostat-zid10267400 – Überprüfungsdatum 2017-07-17

INNOGY SE: *SmartHome Tür- und Fenstersensor*. URL https://www.innogy.com/smartstore/SmarthomeCatalog/Einzelgeraete/SmartHome-Tuer-und-Fenstersensor-zid10267405 – Überprüfungsdatum 2017-07-17

IT WISSEN: *Sensor*. URL http://www.itwissen.info/Sensor-sensor.html – Überprüfungsdatum 2017-07-19

KADEN, Jan: *Smart Home Sicherheit: Schwachstellen und Schutzmaßnahmen*. URL http://www.connect.de/ratgeber/smart-home-sicherheit-hacker-schwachstellen-schutz-tipps-3194959.html – Überprüfungsdatum 2017-07-18

MEDION: *Smart Home Heizkörperthermostat*. URL https://www.medion.com/de/shop/haus-und-sicherheitstechnik-medion-p85711-heizkoerperthermostat-50054303a1.html – Überprüfungsdatum 2017-07-12

OTTER, Reinhard: *Intelligente Heizung spart langfristig Geld im Smart Home*. URL http://www.vdi-nachrichten.com/Technik-Wirtschaft/Intelligente-Heizung-spart-langfristig-Geld-im-Smart-Home – Überprüfungsdatum 2017-07-18

PC WELT: *Konflikte zwischen WLAN und Bluetooth*. URL https://www.pcwelt.de/ratgeber/Konflikte-zwischen-WLAN-und-Bluetooth-242893.html – Überprüfungsdatum 2017-07-12

SCHILLER, Kai: *Der Aktor | Was sind eigentlich Aktoren oder Aktuatoren?* URL https://www.homeandsmart.de/aktor-aktoren-und-aktuatoren-erklaert – Überprüfungsdatum 2017-07-19

STATISTA: *Marktanteile von Android und iOS*. URL https://de.statista.com/statistik/daten/studie/256790/umfrage/marktanteile-von-android-und-ios-am-smartphone-absatz-in-deutschland/ – Überprüfungsdatum 2017-07-12

TESA: *Powerstrips*. URL http://www.tesa.de/buero-und-zuhause/tesa-powerstrips-large.html – Überprüfungsdatum 2017-07-17

WINTER, Eggert: *Gabler Wirtschaftslexikon*. URL http://wirtschaftslexikon.gabler.de/Archiv/-2046533094/smart-home-v3.html – Überprüfungsdatum 2017-07-10

ZENNER, Jos: *WLAN: 2,4 GHz oder 5 GHz*. URL http://www.embedded-industrie.de/wlan-24-ghz-oder-5-ghz. – Aktualisierungsdatum: 2017-07-14

BEI GRIN MACHT SICH IHR WISSEN BEZAHLT

- Wir veröffentlichen Ihre Hausarbeit,
  Bachelor- und Masterarbeit

- Ihr eigenes eBook und Buch -
  weltweit in allen wichtigen Shops

- Verdienen Sie an jedem Verkauf

Jetzt bei www.GRIN.com hochladen
und kostenlos publizieren